Bibliografische Information der Deutschen Nationalbibliothek:

Die Deutsche Bibliothek verzeichnet diese Publikation in der Deutschen National-
bibliografie; detaillierte bibliografische Daten sind im Internet über http://dnb.d-
nb.de/ abrufbar.

Impressum:

Copyright © 2014 GRIN Verlag, Open Publishing GmbH
Druck und Bindung: Books on Demand GmbH, Norderstedt Germany
ISBN: 978-3-668-15699-9

Dieses Buch bei GRIN:

http://www.grin.com/de/e-book/315709/das-landesentwicklungsprogramm-bayern-
und-die-neuausrichtung-der-wirtschafts

Philipp Sacher

Aus der Reihe: e-fellows.net stipendiaten-wissen

e-fellows.net (Hrsg.)

Band 1716

Das Landesentwicklungsprogramm Bayern und die Neuausrichtung der Wirtschafts- und Strukturpolitik

Relevanz einer (Neu)Typisierung, Clusteranalyse der Kreistypen und charakteristische Beispiele

e-fellows.net (Hrsg.)

GRIN Verlag

Inhalt

Abbildungsverzeichnis

Tabellenverzeichnis

1. Die Relevanz einer (Neu)Typisierung der bayerischen Landkreise

Das Landesentwicklungsprogramm Bayern (LEP), das als eines der wichtigsten Instrumente der Raumplanung auf Landesebene gilt, hat als Zukunftskonzept vor allem die Aufgabe, raumbedeutsame Festlegungen in Form von Zielen und Grundsätzen bereitzustellen (vgl. StmWi Bayern 2014). Es sollte daher stets den veränderten Rahmenbedingungen angeglichen werden und wird in regelmäßigen zeitlichen Abständen neu aufgestellt, um so das übergeordnete Ziel der Erhaltung gleichwertiger Lebensbedingungen in allen Teilräumen Bayerns zu unterstützen. Hierfür ist allerdings eine Reihe von zuverlässigen Voruntersuchungen durchzuführen, die ein genaues Bild der Realität möglichst präzise nachzeichnen sollen.

Im Zuge einer solchen Revision des LEP soll nun diese Untersuchung dazu dienen, insbesondere die Wirtschafts- und Strukturpolitik des Freistaats den aktuellen Aufgaben entsprechend neu auszurichten. Einer der wesentlichen Schritte zur Bestimmung dieser Handlungsfelder besteht in einer auf der Grundlage von statistischen Datenanalysen vorgenommenen Einteilung der bayerischen Kreise und Kreisfreien Städte in unterschiedliche Raumtypen. Diese sollen sich vor allem in ihrer Raumausstattung, aber auch in der sozioökonomischen Entwicklung voneinander so unterscheiden, dass jeweils wichtige Handlungsfelder für die einzelnen Raumtypen herausgearbeitet werden können. Auf diese Weise soll die neue Wirtschafts- und Strukturpolitik Bayerns nicht nur effizienter ausgerichtet werden, sondern sich gleichzeitig den notwendigen Aufgabenbereichen frühzeitig anpassen können. Zu diesem Zweck wurden im Rahmen dieser Untersuchung geeignete statistische Daten zur Wirtschafts- und Sozialstruktur Bayerns auf Kreisebene ausgewählt und mit ihnen verschiedene räumliche und zeitliche Analysen durchgeführt, welche eine Neuaufteilung der bayerischen Kreise zum Ziel hatten. Anschließend konnten die neu bestimmten Kreistypen anhand ausgewählter Beispiele detailliert charakterisiert werden. Dafür wurden auch einzelne Gemeindedaten in die Analysen miteinbezogen, um eventuelle Sonderentwicklungen herausbilden zu können.

Mithilfe der hier vorgestellten Untersuchungsergebnisse werden die wesentlichen Handlungsfelder der kommenden Jahre aufgezeigt. Konkrete Maßnahmen, die schließlich ihrer Umsetzung in den einzelnen Raumtypen dienen sollen, werden die Hauptaufgaben für nachfolgende Analysen darstellen.

2. Umriss der aktuellen regionalen Gliederung Bayerns

Der Freistaat Bayern gliedert sich derzeit (Stand 2014) in insgesamt 96 Landkreise sowie Kreisfreie Städte in sieben Regierungsbezirken. Mit einer Gesamtfläche von 70.550 km² ist das Bundesland das flächenmäßig größte in Deutschland. Im Sinne der Raumordnung in Bayern werden die Landkreise und Kreisfreien Städte in 18 Planungsregionen eingeteilt, welche sich sowohl durch historisch-kulturelle, vor allem aber durch sozio-ökonomische Gemeinsamkeiten auszeichnen. Alle 18 Planungsregionen werden wiederum in drei unterschiedliche Regionsgruppen aufgeteilt: Regionen mit großen Verdichtungsräumen, Grenzland und überwiegend strukturschwache Regionen, und Sonstige ländliche Regionen (vgl. Bayerisches Landesamt für Statistik und Datenverarbeitung 2012). Diese Einteilung in drei grundsätzlich verschiedene Raumtypen stellt hinsichtlich einer groben Einschätzung der wichtigsten Aufgabenbereiche für die Raumplanung ein geeignetes Mittel dar; sie sollte jedoch mit Blick auf eine differenzierte Betrachtung der aktuellen Problemfelder detaillierter und möglichst auf Grundlage einer Landkreistypisierung erstellt werden. Hierfür bedarf es statistischer Methoden und der Auswahl geeigneter Daten, welche eine umfangreiche Einschätzung der realen Handlungsfelder zulassen. Im folgenden Abschnitt soll nun ein geeignetes statistisches Hilfsmittel zur Raumstrukturierung vorgestellt, sowie die mit den bayerischen Landkreisen durchgeführte Typisierung erläutert werden.

3. Clusteranalyse zur Bestimmung der Kreistypen in Bayern

3.1 Clusteranalyse als Methode der Raumtypisierung

Durch eine Clusteranalyse kann nach Auswahl passender Strukturdaten eine Klassifizierung von Raumtypen erfolgen. Wichtig ist bei einer sozio-ökonomischen Raumanalyse vor allem die Tatsache, dass diese Daten die gesamte Bandbreite der zu erforschenden Teilaspekte abdecken. Darüber hinaus sollen diejenigen Daten, welche letztlich in die Analyse einfließen nur eine geringe Kollinearität aufweisen, d.h. sie sollen möglichst unabhängig voneinander sein. Der Vorteil dieser Analyse besteht darin, dass die Raum-einheiten, welche es zu klassifizieren gilt, komplett in jeweils ein bestimmtes Cluster eingeteilt werden. Dabei sollen sich die einzelnen Cluster untereinander möglichst stark voneinander unterscheiden, während die Fälle (in diesem Falle Regionaleinheiten) inner-halb eines Cluster möglichst homogen erscheinen sollen. Um dieses Ziel zu erreichen, können bei der statistischen Berechnung der Cluster bestimmte Einstellungen vorgenommen werden, die einer besseren Interpretierbarkeit des Analyseergebnisses dienen können.

3.2 Auswahl der Variablen und der Analyseparameter

Für die Landkreistypisierung wurden insgesamt zehn verschiedene sozio-ökonomische Variablen ausgewählt, welche aus der Gemeindedatentabelle des Bayerischen Landesamtes für Statistik und Datenverarbeitung (2012) entnommen wurden. Dafür wurde diese zunächst auf die Landkreise bzw. Kreisfreien Städte reduziert. Anschließend erfolgte die Auswahl geeigneter Variablen, welche für die Clusteranalyse herangezogen werden konnten. Insgesamt wurden zehn Variablen ausgewählt, welche jeweils den raumstrukturellen Gebietsstand über verschiedene Bereiche hinweg repräsentieren sollten (vgl. Tabelle 1). Es wurden also an dieser Stelle bewusst statische Variablen verwendet, um die derzeitige Situation in den Landkreisen darzustellen. Bereits im Vorfeld der Auswahl wurde besonders darauf geachtet, dass Variablen mit ähnlicher Aussage vermieden wurden.

Tabelle 1: Ausgewählte Clustervariablen und dazugehörige Aussagen

Clustervariable	Aussage für den Raum
Bevölkerungsdichte 2011	allgemeine demographische Situation
Natürliches Bevölkerungssaldo 2011	natürliche demographische Entwicklung
Wanderungssaldo 2011	Entwicklung im Bereich der Migration
Anzahl der sozialversicherungspflichtig Beschäftigten 2011	Situation auf dem Arbeitsmarkt
Anzahl der Gymnasien 2011	Bildungsinfrastruktur
Anzahl der Kindertagesstätten 2011	Ausstattung im Bereich der Kinderbetreuung
Anzahl der Einrichtungen für ältere Menschen 2010	Ausstattung im Bereich der Altenpflege
Zahl der Gästeankünfte 2011	Bedeutung für den Tourismus
Gemeindesteuereinnahmen 2007	Finanzkraft
Anzahl der Landwirtschaftlichen Betriebe 2010	Bedeutung für die Landwirtschaft

Quelle: eigene Zusammenstellung

Um zu überprüfen, ob Kollinearität zwischen den ausgewählten Variablen besteht, wurde eine Korrelationsmatrix erstellt, die eventuelle Zusammenhänge aufzeigen sollte. Da es sich ausschließlich um metrisch skalierte Variablen handelt, wurde hierfür der

Produktmomentkorrelationskoeffizient nach Pearson verwendet. Es stellte sich heraus, dass die Variablen teilweise extrem stark miteinander korrelieren und somit für die Clusteranalyse nur bedingt geeignet sind.

Allerdings korrelieren sozio-ökonomische Daten im selben räumlichen Kontext häufig miteinander, ohne dass zwischen ihnen ein direkter inhaltlicher Zusammenhang besteht, weshalb dieser Punkt hier vernachlässigt wurde. Die Variablen boten auch aufgrund der guten Interpretierbarkeit des Ergebnisses für eine Clusteranalyse der bayerischen Landkreise und Kreisfreien Städte eine ausreichende Grundlage. Damit sie jedoch für die Analyse verwendet werden konnten, mussten die Variablen zunächst z-standardisiert werden (eine Normalverteilung der Variablen wurde angenommen), um die Dimensionsunterschiede kompensieren zu können.

Die Clusteranalyse wurde hierarchisch durchgeführt, d.h. die endgültige Anzahl der Fallgruppen wird zu Beginn offengelassen, und die Zuordnung zu den einzelnen Gruppen erfolgt schrittweise (iterativ). Da es sich insgesamt um 96 räumliche Einheiten handelte, wurden 95 einzelne Schritte berechnet (stets einer weniger, als es Fälle gibt), sodass im letzten Schritt stets alle Fälle in ein einziges großes Cluster eingeordnet wurden.

Als Klassifizierungsmethode wurde das sogenannte Ward-Verfahren verwendet, das in der Regel eine maximale Homogenität der Fälle innerhalb eines Clusters garantiert, bei maximaler Heterogenität zwischen ihnen (vgl. BAHRENBERG ET AL. 2008, 267). Dieser besondere Umstand qualifizierte diese Methode für die vorliegende Aufgabe.

Für die Analyse musste auch ein geeignetes Distanzmaß gewählt werden, welches dazu benötigt wird, die einzelnen Fälle zusammenzufassen und zuzuordnen. Dabei werden in jedem Schritt der Clusterbildung diejenigen Fälle zusammengeführt, welche bezüglich dieses Distanzmaßes im multivariaten Koordinatenraum die geringste Entfernung aufweisen. In diesem Fall wurde die Quadrierte Euklidische Distanz (QED) als ein geeignetes und zuverlässiges Distanzmaß herangezogen. Die zu bestimmende Clusteranzahl wurde auf einen Rahmen zwischen minimal drei und maximal zehn beschränkt, um das Ergebnis auf einer interpretierbaren Ebene zu halten. Damit waren alle notwendigen Voraussetzungen für die Clusteranalyse gegeben.

3.3 Ergebnisse der Clusteranalyse

Der erste wichtige Schritt bei der Auswertung der Analyse bestand in der Bestimmung der geeigneten Clusterzahl. Diese lässt sich bei der Betrachtung der Klassifizierungsschritte über das sogenannte Elbow-Kriterium ermitteln. Dafür betrachtet man die Werte des verwendeten

Distanzmaßes und sucht nach „Sprungstellen", bei denen die Werte stärker als zwischen den anderen Schritten ansteigen (vgl. Tabelle 2). Innerhalb der letzten zehn Klassifizierungsschritte ist erstmals eine deutliche Sprungstelle zwischen dem 90. und dem 91. Schritt erkennbar. Demnach scheinen insgesamt sechs verschiedene Cluster die beste Variante darzustellen, um die bayerischen Landkreise und Kreisfreien Städte zu klassifizieren.

Tabelle 2: Letzte zehn Schritte der Clusteranalyse mit erster Sprungstelle

Schritt Nr.	Zusammengeführte Cluster		QED	Erstes Vorkommen des Clusters		Nächster Schritt
	Cluster 1	Cluster 2		Cluster 1	Cluster 2	
86	1	24	59,828	78	73	93
87	4	9	67,578	84	83	92
88	16	22	79,339	82	85	90
89	17	37	91,156	0	79	91
90	16	20	**106,058**	88	0	92
91	17	62	**131,540**	89	0	93
92	4	16	167,135	87	90	94
93	1	17	241,997	86	91	94
94	1	4	339,219	93	92	95
95	1	2	950,000	94		

Quelle:
eigene Berechnung nach Daten des Bayerischen Landesamtes für Statistik und Datenverarbeitung 2012

Um die gebildeten Cluster als Raumtypen charakterisieren zu können musste als nächstes ein geeignetes Mittel zur Interpretation gewählt werden. Das wohl beste Instrument zur Überprüfung der Klassenzugehörigkeit der einzelnen Fälle, stellt ein Mittelwertvergleich über alle Clustervariablen dar. Hierbei kann festgestellt werden, welche dieser Variablen bei der Unterscheidung der einzelnen Gruppen eine Rolle spielen und wie viele Fälle (Raumeinheiten) in einer bestimmten Gruppe vertreten sind (vgl. Tabelle 3).

Für die bayerischen Landkreise und Kreisfreien Städte ergab sich daraus ein sehr differenziertes Bild. Die Qualität einer solchen Clusteranalyse erweist sich auch dann, wenn sich die Fälle relativ gleichmäßig auf die gebildeten Gruppen verteilen. In diesem Fall sind zwei Gruppen mit vergleichbarer Größe entstanden: Cluster 1 mit 20 Fällen und Cluster 4 mit 26 Fällen. Die größte Gruppe bildet Cluster 3 mit 44 Fällen; in ihr ist also knapp die Hälfte aller Fälle vereinigt. Daneben sind drei Cluster mit einer nur sehr geringen Fallzahl entstanden. Cluster 5 mit 4 Fällen, und Cluster 2 und 6 mit jeweils nur einem einzigen Fall. Bei den beiden letztaufgeführten Clustern handelt es sich also eindeutig um zwei

Sonderfälle, welche kaum mit den anderen Raumtypen vergleichbar sind. Cluster 2 enthält als einzigen Fall die Kreisfreie Stadt München und Cluster 6 die Stadt Nürnberg. Schnell wird bei einem Blick auf die Mittelwertvergleichstabelle deutlich, weshalb beide Räume diese Sonderstellung einnehmen.

Tabelle 3: Mittelwertvergleich über alle Variablen zwischen den sechs Clustern

		Bev.-Dichte 2011	Nat. Bev.-Saldo 2011	Wandersaldo 2011	Kitas 2011	Gymnasien 2011	Sozialvers.-pflichtig Beschäf. 2011	Betriebe Landw. 2010	Gästeankünfte 2011	Einr. f. Ältere 2010	Gemeindesteue reinn. 2007
Cluster 1	Mittel-wert	1011,4	-177,5	447,7	2406,6	3,85	37010,7	71,6	110369,3	8,4	71789,4
	Fälle	20	20	20	20	20	20	20	20	20	20
Cluster 2	Mittel-wert	4436,0	4230,0	20677,0	64568,0	50,0	709580,0	144,0	5931052,0	51,0	2831271,0
	Fälle	1	1	1	1	1	1	1	1	1	1
Cluster 3	Mittel-wert	160,1	-193,8	450,41	4577,0	3,39	32986,7	1040,1	220894,4	12,0	98143,6
	Fälle	44	44	44	44	44	44	44	44	44	44
Cluster 4	Mittel-wert	114,2	-363,0	458,5	5400,7	3,2	39935,7	1909,2	316135,5	19,7	111186,5
	Fälle	26	26	26	26	26	26	26	26	26	26
Cluster 5	Mittel-wert	1382,3	-272,8	2254,3	9638,8	10,3	123257,3	180,0	589140,5	26,5	330191,8
	Fälle	4	4	4	4	4	4	4	4	4	4
Cluster 6	Mittel-wert	2740,0	-910,0	5677,0	20677,0	15,0	270750,0	177,0	1403945,0	59,0	625083,0
	Fälle	1	1	1	1	1	1	1	1	1	1
Gesamt (Bayern)	Mittel-wert	447,4	-200,9	792,3	5351,4	4,3	48992,8	1019,5	310810,6	14,9	139813,3
	Fälle	96	96	96	96	96	96	96	96	96	96

Quelle: Eigene Berechnung nach Daten des Bayerischen Landesamtes für Statistik und Datenverarbeitung 2012

Sowohl München als auch Nürnberg weisen bei den meisten Variablen wesentlich höhere Mittelwerte auf, als alle anderen Raumtypen. Besonders deutlich wird dies bei der Bevölkerungsdichte 2011, bei der München mit 4.436 Einwohnern pro km² eine absolute Spitzenstellung einnimmt, aber auch Nürnberg mit 2.740 Einwohnern pro km² erheblich über dem bayerischen Schnitt von 447,4 Einwohnern pro km² liegt. Als extrem verdichtete urbane Metropolräume kommt München und Nürnberg hier ein besonderer Rang zu. Ähnlich verhält es sich beim Wanderungssaldo 2011, welches insbesondere in München mit einem Plus von 20.677 extrem hoch ist, während Nürnberg mit einem Plus von 5.677 immerhin noch deutlich über dem bayernweiten Mittelwert von 792,3 liegt. Ein wesentlicher Unterschied zwischen den beiden Räumen tritt beim natürlichen Bevölkerungssaldo 2011 zu Tage. Während München hier mit einem Plus von 4.230 als einziger der sechs Raumtypen einen Zuwachs aufweist, befindet sich Nürnberg mit einem Minus von 910 sogar noch deutlich unter dem bayerischen Mittel von -200,9. Das zeigt, dass die Bevölkerung Nürnbergs ganz im Gegensatz zu München nur durch Zuwanderung stabil gehalten werden kann, während sie auf natürlichem Wege stark schrumpfen würde. München, das über eine wesentlich jüngere Bevölkerung verfügt, ist dagegen von dieser Entwicklung (noch) nicht bedroht und konnte im Jahr 2011 eine hohe Zuwachsrate verzeichnen.

Im touristischen Bereich kommt beiden Städten ebenfalls eine wichtige Rolle zu; die Anzahl der Gästeankünfte im Jahr 2011 lag bei beiden wesentlich über dem bayerischen Schnitt.

Das mit nur vier Fällen ebenfalls auffällige Cluster 5 enthält neben den Städten Augsburg, Regensburg und Würzburg, welche nach München und Nürnberg die einwohnerreichsten Städte Bayerns sind, auch noch den Landkreis München. Dieser ist folglich bei vielen Ausstattungsmerkmalen mit hoch verdichteten urbanen Räumen wie der Stadt Augsburg vergleichbar. Besonders die Gemeindesteuereinnahmen für das Jahr 2007 erreichen hier einen sehr hohen Wert. Im Landkreis München haben sich in den letzten Jahren viele Firmen von nationalem und internationalem Rang angesiedelt, welche mit der Kernstadt München eng vernetzt sind und gleichzeitig von der infrastrukturellen Ausstattung sowie vom Flächenangebot im Umlands profitieren.

Cluster 1 enthält ausschließlich Kreisfreie Städte und bildet somit einen weiteren urban geprägten Raumtyp.

Auf die Cluster 3 und 4 verteilen sich schließlich die Flächenlandkreise Bayerns. Zum Cluster 3 zählen sowohl Landkreise im Umfeld größerer Städte wie z.B. die Landkreise Aschaffenburg, Fürth oder Würzburg, als auch peripher gelegene Kreise wie Rhön-Grabfeld, Regen oder Tirschenreuth.

Cluster 4 hingegen weist neben zahlreichen Kreisen im Umland von Kreisfreien Städten wie Landshut, Passau oder Regensburg auch große ländliche Kreise wie Cham oder Ansbach auf. Bei den beiden letztgenannten Landkreistypen handelt es sich um Räume, in denen die Landwirtschaft nach wie vor eine wichtige Stellung einnimmt. Cluster 4 erreicht mit einem Mittelwert von 1.909 landwirtschaftlichen Betrieben im Jahr 2010 beinahe das Doppelte des gesamtbayerischen Schnitts von 1.019 Betrieben. Somit weist Cluster 4 häufig einen sehr ländlichen Charakter aufweist. Die Zahl der Gästeankünfte im Jahr 2011 drückt aus, dass sowohl Cluster 3 als auch 4 touristisch bedeutend sind, allerdings liegt Cluster 3 hier unter dem bayerischen Schnitt von 310.810 Ankünften, während Cluster 4 diesen Wert mit 316.135 Ankünften noch leicht überschreitet. Die durchschnittliche Zahl an Einrichtungen für ältere Menschen spricht dafür, dass Cluster 4 hier mit durchschnittlich 19,7 Einrichtungen pro Raumeinheit einen wesentlich höheren Bedarf aufweist, als Cluster 3 mit 12,0.

Der gravierendste Unterschied zwischen beiden Landkreistypen besteht allerdings beim natürlichen Bevölkerungssaldo, welches bei Cluster 4 mit -363 extrem negativ ist, während Cluster 3 mit -193,8 noch etwas über dem bayerischen Gesamtmittel liegt. Raumtyp 4 ist demnach besonders von einem Teilaspekt des demographischen Wandels betroffen, dem Bevölkerungsrückgang. Gleichzeitig verfügt Typ 4 in der Regel auch über einen hohen Anteil älterer Bevölkerung. Trotzdem sind hier die Zahl der sozialversicherungspflichtig Beschäftigten im Jahr 2011 und die Gemeindesteuereinnahmen im Jahr 2007 insgesamt höher als bei Typ 3. Dies hängt vor allem damit zusammen, dass es sich oft um Landkreise im Umfeld von Kreisfreien Städten handelt und sich jeweils ein Teil des suburbanen Raums auf Gemeinden verteilt, die dem Kreis angehören. Aus diesem Grund bestehen mitunter größere Disparitäten zwischen den kreisangehörigen Gemeinden als bei Typ 3, sodass sich auch die Handlungsfelder für diesen Kreistyp anspruchsvoller gestalten.

3.4 Bezeichnung der Gruppen

Aufgrund der Ergebnisse der Clusteranalyse lassen sich inhaltliche Aussagen über die einzelnen Gruppen treffen. Die beiden Kreisfreien Städte München und Nürnberg stellen mit ihrer Metropolfunktion zwei besondere Cluster dar. Die Fälle in Cluster 5, das sich aus drei Städten mit deutlich über 100.000 Einwohnern, sowie dem hochverdichteten Landkreis München zusammensetzt, können als stark urban geprägte Räume mit einer hohen Dichte an übergeordneten Funktionen gekennzeichnet werden. Ähnlich verhält es sich mit Cluster 1, welches die übrigen Kreisfreien Städte Bayerns unter 100.000 Einwohner enthält.

Die beiden Cluster, welche die Flächenlandkreise enthalten, können wie folgt beschrieben werden:

1) Kreistyp 3: Kreise mit moderater Auswirkung des demographischen Wandels und leicht unterdurchschnittlicher Raumausstattung in den Bereichen Wirtschaft, Sozialstruktur und Tourismus
2) Kreistyp 4: Dünnbesiedelte Kreise mit starker Auswirkung des demographischen Wandels und durchschnittlicher Raumausstattung in den Bereichen Wirtschaft, Sozialstruktur und Tourismus

Um diese neuen Kreistypen hinsichtlich künftiger Handlungsfelder genauer analysieren zu können, bedarf es einer intensiveren Betrachtung bis auf Gemeindeebene.

4. Charakterisierung der Landkreistypen anhand ausgewählter Beispielentwicklungen

Im Rahmen dieser Voruntersuchung soll eine Betrachtung der Flächenlandkreise im Vordergrund stehen. Aus diesem Grund werden im Folgenden die drei Kreistypen, welche Flächenlandkreise beinhalten genauer analysiert. Auf eine Charakterisierung der Kreisfreien Städte wird an dieser Stelle verzichtet.

4.1 Beispiele für Kreistyp 3: Landkreise Freising und Tirschenreuth

Bei der Clusteranalyse wurden die Landkreise Freising und Tirschenreuth als Kreistyp 3 ausgewiesen. Um die Charakteristika dieses Kreistyps genauer zu erfassen, sollen diese beiden Landkreise hier beispielhaft betrachtet werden. Sie wurden hierfür bewusst ausgewählt, da sie sich in unterschiedlichen raumstrukturellen Kontexten befinden. Während der Landkreis Freising als Teil der Münchener Metropolregion eine zentrale Lage aufweist, liegt der Landkreis Tirschenreuth in der nördlichen Oberpfalz und grenzt direkt an die Tschechische Republik. Gerade diese Region wurde in der Vergangenheit häufig als peripherer Raum eingestuft, der mit der Entwicklung in vielen anderen Regionen Bayerns nicht schrittzuhalten vermag. Daher soll hier über verschiedene statistische Bewertungsverfahren auch ein Vergleich der beiden Räume durchgeführt werden.

4.1.1 Wirtschaftsstruktur und ökonomische Entwicklung

Eine erste Messgröße, welche zur Beschreibung der wirtschaftlichen Situation eines Landkreises herangezogen werden kann, ist die sektorale Gliederung als Maß für die wirtschaftliche Ausrichtung des Raums. Im Jahr 2012 gestaltete sich diese Struktur im

Landkreis Freising nach Anzahl der Beschäftigten folgendermaßen: primärer Sektor 0,4%, sekundärer Sektor 22%, tertiärer Sektor 77,6%. Im gleichen Jahr lauteten diese Werte für den Landkreis Tirschenreuth: primärer Sektor 1,2%, sekundärer Sektor 53,1%, tertiärer Sektor 45,8% (alle Werte vgl. Bayerisches Landesamt für Statistik und Datenverarbeitung 2013). In beiden Landkreisen spielte der primäre Sektor im Jahr 2012 demnach nur noch eine untergeordnete Rolle. Während im Landkreis Freising der Tertiärisierungsgrad mit mehr als drei Vierteln aller Beschäftigten bereits weit vorangeschritten war, betätigten sich im Landkreis Tirschenreuth 2012 noch über die Hälfte aller Beschäftigten im verarbeitenden Gewerbe. Dies spricht für eine sehr unterschiedliche ökonomische Ausrichtung beider Landkreise.

Als traditionell durch Handwerk und Industrie (Glas, Keramik, Porzellan) geprägte Region, verfügt der Landkreis Tirschenreuth über bedeutende Unternehmen des verarbeitenden Gewerbes. Allerdings hat dieser Wirtschaftszweig auch hier in den letzten Jahren einen partiellen Bedeutungsverlust erlebt. Dabei kam es in der Region Tirschenreuth verglichen mit Bayern zu starken Schwankungen (vgl. Abbildung 1), die besonders durch die allgemeine konjunkturelle Entwicklung bedingt waren.

Abbildung 1: Sekundärer Sektor im Landkreis Tirschenreuth und in Bayern 2002 bis 2012

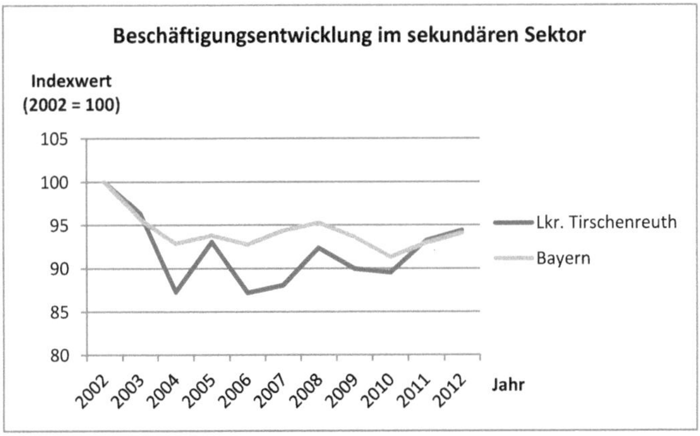

Quelle: eigene Darstellung nach Daten des Bayerischen Landesamtes für Statistik und Datenverarbeitung 2013

Dementsprechend scheint die Region insgesamt anfälliger für derartige Schwankungen zu sein, als der gesamtbayerische Wirtschaftsraum. Allerdings konnte sich der sekundäre Sektor nach dem letzten Einbruch in den Jahren 2009/2010 wieder schnell erholen und sogar auf die gesamtbayerische Entwicklung aufschließen, wenn man für beide Zeitreihen das Jahr

2002 als Ausgangspunkt wählt. Auch wenn er sowohl in Bayern als auch im Landkreis Tirschenreuth an Bedeutung verloren hat, bildet er nach wie vor eine wichtige Stütze der Wirtschaft in beiden Räumen und muss daher auch künftig bei Raumentscheidungen in den Fokus gerückt werden.

Die hohe Bedeutung, welche der tertiäre Sektor im Landkreis Freising besitzt, hängt unter anderem mit der Nähe zum Großraum München zusammen, an dessen nördlichem Rand der Landkreis liegt. Um zu ermitteln, ob eine bestimmte Branche innerhalb des tertiären Sektors im Landkreis Freising von besonderer Bedeutung und im Vergleich sogar stärker ausgeprägt ist als in Bayern, kann der sogenannte Lokalisationskoeffizient (LQ) heran-gezogen werden. Bei seiner Berechnung wird das Verhältnis einer bestimmten Branche zum gesamten Sektor im Teilraum gesetzt und zum gleichen Verhältnis im Gesamtraum bezogen. Wird der kritische Wert von 1 überschritten, dann ist die Branche im Teilraum stärker vertreten als im Gesamtraum. Vergleicht man den Landkreis Freising und das Land Bayern ergab sich für die Beschäftigten in der Handelsbranche ein hoher LQ-Wert von 1,83. Folglich sind es insbesondere Handelsunternehmen, welche die Wirtschaftsstruktur im Landkreis Freising kennzeichnen.

Die Entwicklung des gesamten tertiären Sektors in den letzten Jahren zeigt ein überdurchschnittliches Wachstum im Vergleich zu Gesamtbayern, wo dieser Wirtschaftszweig im gleichen Zeitraum nach Stagnation in den Jahren 2002 bis 2005 ebenfalls kontinuierlich zunehmen konnte (vgl. Abbildung 2).

Abbildung 2: Tertiärer Sektor im Landkreis Freising und in Bayern 2002 bis 2012

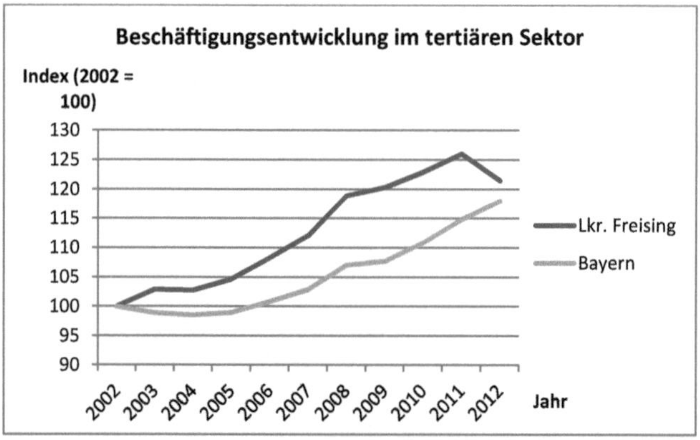

Quelle: eigene Darstellung nach Daten des Bayerischen Landesamtes für Statistik und Datenverarbeitung 2013

Allerdings hat sich der tertiäre Sektor innerhalb des Landkreises Freising sehr unterschiedlich entwickelt. Betrachtet man die Indexwerte beispielsweise für die Gemeinde Hallbergmoos im Süden des Landkreises Freising, auf deren Gemeindegebiet sich bereits ein Teil des Münchener Flughafens befindet, so kann zwischen dem Jahr 2002 und 2012 ein Zuwachs von 93,4% festgestellt werden. Dagegen betrug die Zuwachsrate für den Markt Au i. d. Hallertau im stark landwirtschaftlich geprägten nördlichen Teil des Landkreises (Hopfenanbau) für den gleichen Zeitraum lediglich 16,8%. Daraus wird ersichtlich, dass innerhalb des Landkreises ein Nord-Süd-Gefälle besteht, welches deutlich von der Nähe zum Großraum München beeinflusst wird. Der Landkreis bildet also keine homogene Einheit, sondern weist auf relativ engem Raum bereits erkennbare Disparitäten auf, die auch bei raumwirksamen Entscheidungen stets berücksichtigt werden sollten.

4.1.2 Handlungsfelder und -empfehlungen für Kreistyp 3

Auch wenn gerade zwei etwas unterschiedliche Beispiele für Kreistyp 3 betrachtet wurden, konnten für diese Raumkategorie allgemein wichtige Entwicklungen aufgezeigt werden. Aus diesen können verschiedene Handlungsfelder abgeleitet werden, die es in Zukunft durch konkrete Maßnahmen der Raumentwicklung umzusetzen gilt.

Eine erste wesentliche Erkenntnis der vorliegenden Untersuchung besteht darin, dass Kreise vom Typ 3 aus ökonomischer Sicht im Allgemeinen gut ausgestattet sind. Sowohl der Kreis Freising, als auch der Kreis Tirschenreuth wiesen in den letzten Jahren Zuwächse bei der Beschäftigtenentwicklung auf. Allerdings ist die Branchenstruktur in beiden Landkreisen sehr unterschiedlich. Während Tirschenreuth eine traditionell industriell geprägte Struktur mit einem hohen Beschäftigtenanteil am produzierenden Gewerbe besitzt, ist Freising sehr dienstleistungsorientiert. Deshalb ist es wichtig, dass die industrielle Ausrichtung Tirschenreuths durch Maßnahmen der Raumentwicklung gestärkt wird. Insbesondere die hohe Anfälligkeit gegenüber konjunkturellen Schwankungen hat gezeigt, dass die Wirtschaft hier stark von Entwicklungen außerhalb des Raumes abhängig ist. Aus diesem Grund muss das endogene Entwicklungspotenzial der Region verbessert werden. Dies kann beispielsweise durch Regionalmarketing und Regionalmanagement erfolgen. Wichtig ist vor allem, dass die Unternehmen im Kreis Tirschenreuth in Entscheidungsprozesse mit einbezogen werden, sodass sie ihre Belange ausreichend geltend machen können. Ein weiteres Problem der Region besteht in der peripheren Lage an der Grenze zur Tschechischen Republik. Ein höheres Maß an grenzüberschreitender Zusammenarbeit erscheint daher als sinnvolles Mittel zur Stärkung der gesamten Region, zumal die Wirtschaftsstruktur auf beiden Seiten der Grenze vergleichbar ist. Daneben sollte langfristig darauf geachtet werden, die Region insgesamt wettbewerbsfähig aufzustellen. Dies kann und muss vor allem über die Etablierung unternehmensbezogener Dienstleistungen, sowie über Kooperationen zwischen den Unternehmen der Region erfolgen. Dadurch kann auch die Resistenz und die Resilienz im Krisenfall erhöht werden. Ein weiterer Faktor, der die regionale Entwicklung positiv beeinflussen könnte, ist der Tourismus. Bei der Vermarktung der Region gilt es insbesondere ihre Vorzüge in Hinblick auf die Einrichtung einer funktionsfähigen Tourismusinfrastruktur herauszustellen.

Für Landkreise wie Freising, welche in hohem Maße von der Nähe zu Verdichtungs-räumen wie München oder Nürnberg profitieren, gestalten sich die Herausforderungen teilweise anders. Oft bestehen hier bereits zukunftsfähige Wirtschaftsstrukturen. Der Kreis Freising weist einen extrem hohen Anteil an Beschäftigten im tertiären Sektor auf. Allerdings zeigen sich vor allem in der zeitlichen Entwicklung starke Disparitäten zwischen einzelnen Gemeinden. Es wird folglich in Zukunft darauf zu achten sein, dass sich diese Unterschiede nicht weiter ausweiten und bestimmte Gemeinden andere in ihrer Entwicklung abhängen. Damit der Ausgleich behutsam erfolgt, ohne das Wachstum bestimmter Gemeinden zu bremsen, sollte auch hier darauf geachtet werden, dass die jeweils spezifischen Stärken der Gemeinden bei der Planung besonders berücksichtigt werden. Insbesondere das Konzept der Entwicklungsachsen scheint in diesem Zusammen-hang erfolgsversprechend.

4.2 Beispiele für Kreistyp 4: Landkreise Ansbach und Passau

Die Landkreise Ansbach und Passau wurden beide Typ 4 zugeordnet, der sich durch eine vorwiegend ländliche Struktur und die Auswirkungen des demographischen Wandels aus-zeichnet. Dabei liegen die meisten dieser Kreise nicht in der Nähe der großen Metropol-räume München und Nürnberg (mit Ausnahme des Kreises Nürnberger Land), sie umgeben aber teilweise mittelgroße und große Kreisfreie Städte.

4.2.1 Demographische Situation und Wirtschaftsstruktur

Die Kreise innerhalb des Typs 4 sind weitaus stärker von bestimmten Erscheinungsformen des demographischen Wandels betroffen, als diejenigen des Typs 3. So lag beispielsweise der natürliche Bevölkerungssaldo des Landkreises Ansbach im Jahr 2011 bei -424 und damit weit unter dem bayerischen Mittel von -200,9. Da der Wanderungssaldo im selben Jahr mit +55 – ebenfalls weit unter dem bayerischen Mittelwert von +792,3 – diesen Verlust nicht auszugleichen vermochte, hat die Bevölkerungszahl im Landkreis insgesamt abgenommen. Etwas anders verhielt es sich im Landkreis Passau, wo der natürliche Bevölkerungssaldo im Jahr 2011 mit -524 zwar noch negativer war, der Wanderungssaldo von +787 diesen Wert jedoch mehr als auszugleichen vermochte (alle Werte vgl. Bayerisches Landesamt für Statistik und Datenverarbeitung 2012). Während also die Bevölkerung in beiden Landkreisen auf natürlichem Wege schrumpft, konnte Passau mit seiner positiven Wanderungsbilanz dieser Entwicklung entgegenwirken. Auch die über-durchschnittliche Anzahl an Einrichtungen für ältere Menschen in beiden Landkreisen (20 im Kreis Ansbach und 22 im Kreis Passau; vgl. Bayerisches Landesamt für Statistik und Datenverarbeitung 2012) spricht dafür, dass sich die Altersstruktur zugunsten älterer Generationen entwickelt. Bei einem Blick auf die Wirtschaftsstruktur beider Landkreise zeigt sich ein leicht differenziertes Bild. Mit 0,8 % (Lkr. Ansbach) bzw. 0,9 % (Lkr. Passau) Beschäftigten in der Landwirtschaft im Jahr 2012 scheint diese auch hier nur eine untergeordnete Rolle zu spielen. Allerdings lag die Zahl der landwirtschaftlichen Betriebe im Jahr 2011 mit 2.560 im Landkreis Passau und 2.998 im Landkreis Ansbach weit über dem bayerischen Mittelwert von 1.019. Damit ist die Landwirtschaft ein Element, welches die Regionen Ansbach und Passau nach wie vor prägt. Während im Landkreis Ansbach 2012 jeweils knapp die Hälfte der Beschäftigten im sekundären und tertiären Sektor arbeitet, ist dieses Verhältnis im Kreis Passau bereits zugunsten des tertiären Sektors verschoben, in dem 57,4 % der Erwerbstätigen beschäftigt sind (alle Werte vgl. Bayerisches Landesamt für Statistik und Datenverarbeitung 2013).

Die relative Bedeutung der Landwirtschaft in beiden Landkreisen wird auch durch die Werte der Bruttowertschöpfung dieses Wirtschaftszweiges bestätigt. Diese hat sich in den letzten Jahren jedoch insgesamt, abgesehen von den Anstiegen 2004 und 2007, negativ entwickelt (vgl. Abbildung 3). Die Entwicklung verlief dabei in beiden Kreisen sehr ähnlich.

Abbildung 3: Bruttowertschöpfung der Landwirtschaft (in Mio. €) in den Landkreisen Passau und Ansbach 2002 bis 2009

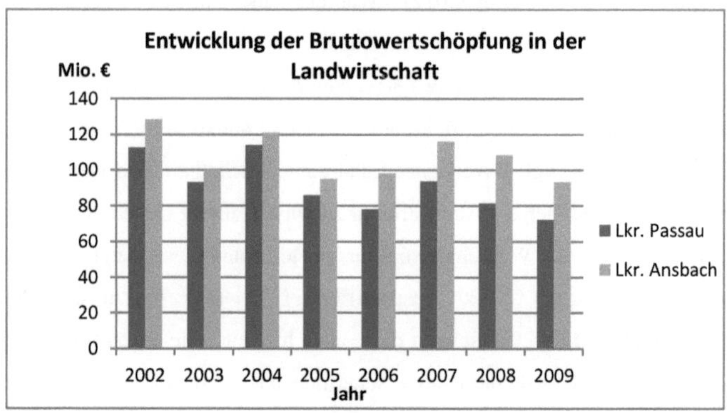

Quelle: eigene Darstellung nach Daten des Bayerischen Landesamtes für Statistik und Datenverarbeitung 2011/2012

Trotz dieser negativen Entwicklung der Landwirtschaft stellt sie noch immer einen wichtigen Teil der Wirtschaftsstruktur beider Landkreise dar und wird deshalb auch in Zukunft bei strukturellen Fragen eine Rolle spielen.

4.2.2 Touristisches Entwicklungspotenzial

Im Zusammenhang mit der regionalen Entwicklung können die touristische Vermarktung und Inwertsetzung einer Region oder auch einer einzelnen Gemeinde wichtige Faktoren bilden. Als ländliche Landkreise scheinen sowohl Passau als auch Ansbach eine wichtige Voraussetzung hierfür zu erfüllen, nämlich einen hohen Erholungswert. In den Landkreisen des Typs 4 kamen im Jahr 2011 durchschnittlich 316.135 Gäste an, und damit etwas mehr als im gesamten Freistaat (vgl. Tabelle 3). Sowohl im Landkreis Ansbach als auch im Kreis Passau wurde dieser Wert im Jahr 2011 mit 585.102 bzw. 776.836 sogar weit übertroffen (vgl. Nationalparkverwaltung Bayerischer Wald 2013). Allerdings verlief hier die Entwicklung der Gästeankünfte in den letzten Jahren weit weniger rasant als in Gesamtbayern (vgl. Abbildung 4).

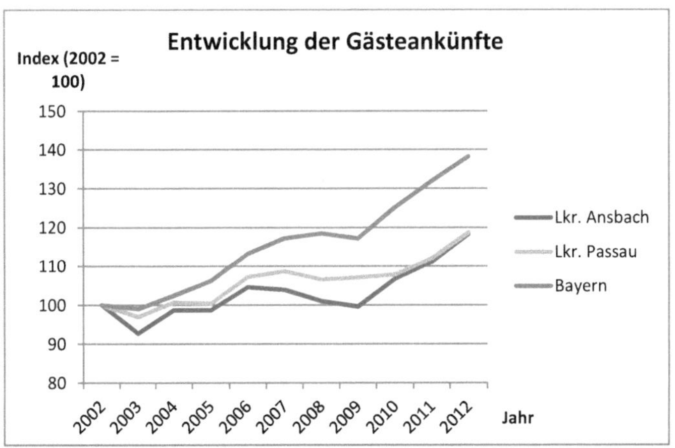

Quelle: eigene Darstellung nach Daten der Nationalparkverwaltung Bayerischer Wald 2013

Insbesondere im Zeitraum von 2002 bis 2009 hat sich die Zahl der Ankünfte nur geringfügig erhöht, im Kreis Ansbach sogar negativ entwickelt. Erst ab dem Jahr 2009 ist in beiden Räumen ein deutlicher Anstieg zu erkennen, sodass sie sich nun dem Trend in Bayern anzupassen scheinen. Betrachtet man die Entwicklung auf Gemeindeebene werden zudem teilweise große Unterschiede sichtbar. Im Landkreis Ansbach konnten bekannte touristische Zentren wie Rothenburg ob der Tauber, Dinkelsbühl oder Feucht-wangen, welche sich alle durch ein weitgehend erhaltenes mittelalterliches Stadtbild auszeichnen und deshalb von hohem kulturhistorischen Interesse sind, zwischen 2002 und 2012 starke Zuwächse von bis zu 34,3 % (Stadt Feuchtwangen) bei den Gästeankünften verzeichnen. Das weniger bekannte Wolframs-Eschenbach, welches ebenfalls über einen gut erhaltenen historischen Ortskern verfügt, erlebte dagegen im gleichen Zeitraum einen erheblichen Rückgang der Gästeankünfte von 43,6 %.

Im Landkreis Passau sind vergleichbare Beispiele zu finden. Während die Gemeinde Bad Füssing – bekannter Heilkurort im sogenannten Niederbayerischen Bäderdreieck – von 2002 bis 2012 einen Anstieg der Gästeankünfte um 27,6 % aufwies, sank die Zahl in der Stadt

Vilshofen an der Donau mit 48,8 % beinahe um die Hälfte ab (alle Werte vgl. Nationalparkverwaltung Bayerischer Wald 2013).

Diese Zahlen sprechen für eine sehr ungleiche Entwicklung zwischen den einzelnen Gemeinden. Auch wenn an vielen Orten ein touristisches Potenzial vorhanden ist, konnte dieses in den letzten Jahren nicht überall genutzt werden.

4.2.3 Handlungsfelder und -empfehlungen für Kreistyp 4

Trotz seiner teilweise guten Raumausstattung bereitet der demographische Wandel den Kreisen des Typs 4 einige Probleme. Besonders die negative Bevölkerungsentwicklung, welche nur durch Wanderung in den Raum auszugleichen ist, stellt eine große Herausforderung dar. Manche Kreise scheinen damit noch gut zurechtzukommen, wie das Beispiel Passau mit seiner ausgeglichenen Bevölkerungsbilanz gezeigt hat, andere Kreise wie Ansbach, betrifft dies wesentlich stärker. Mit der negativen Bevölkerungsentwicklung geht oftmals eine relative Strukturschwäche einher. Da die Landwirtschaft hier noch einen überdurchschnittlichen Anteil an der Wirtschaftsstruktur einnimmt, sollte diese nach wie vor unterstützt werden. Dabei dürfen die Entwicklungen in den anderen Sektoren jedoch nicht gehemmt werden. Eine ausgeglichene Wirtschaftspolitik mit klaren Zielvorstellungen ist folglich anzustreben. Die landwirtschaftlichen Betriebe müssen sich ebenso wie die Unternehmen den sich verändernden Rahmenbedingungen frühzeitig anpassen und sich ggf. umgestalten. Hierfür kann eine gezielte Förderung in manchen Fällen hilfreich sein. Eine bessere Vernetzung mit den urbanen Wachstumsräumen der Kreisfreien Städte, z.B. über Entwicklungsachsen, ist zu empfehlen. So können sie als Motoren der regionalen Entwicklung dienen. Wichtig sind darüber hinaus ein gemeindeübergreifendes Monitoring der ökonomischen und strukturellen Entwicklung, sowie ein Ausbau der interkommunalen Zusammenarbeit. Dadurch kann nicht nur Identität erzeugt, sondern auch das endogene Entwicklungspotenzial in diesen Regionen eingesetzt werden. Eine Schlüsselrolle kann in diesem Zusammenhang dem Tourismus zukommen. Voraussetzung hierfür ist allerdings ein gutes Management, welches die Vorzüge der Region vermarktet und gleichzeitig die Besucher raumverträglich lenkt, damit die Attraktivität bewahrt werden kann.

4.3 Sonderfall Landkreis München

Neben den eben beschriebenen Landkreisen konnte ein Landkreis noch einem weiteren Typ zugeordnet werden: der Landkreis München. Die Sonderrolle, welche dieser dadurch einnimmt, kann an verschiedenen Aspekten deutlich gemacht werden. Da er sich laut Klassifizierung in derselben Gruppe wie die Kreisfreien Städte Augsburg oder Regensburg befindet, besitzt er große raumstrukturelle Gemeinsamkeiten mit diesen städtischen Räumen. Eine erste Auffälligkeit besteht darin, dass der Landkreis im Jahr 2011 im Gegensatz zu den meisten anderen Kreisen und Kreisfreien Städten Bayerns ein positives natürliches Bevölkerungssaldo von +9 verzeichnete. Dies spricht für eine relativ junge Bevölkerung. So lag die Zahl der Kindertagesstätten im Jahr 2011 mit 18.282 nur knapp unter dem Wert der Stadt Nürnberg (20.677). Mit einem Wanderungsgewinn von +4.935 Bewohnern erreichte der Landkreis München im Jahr 2011 den dritten Platz aller bayerischen Kreise und Kreisfreien Städte, gleich nach den Städten München und Nürnberg. Damit ist er einer der wenigen Wachstumsräume im Freistaat (alle Werte vgl. Bayerisches Landesamt für Statistik und Datenverarbeitung 2012). Der dadurch entstehen-de Bevölkerungsdruck spiegelt sich auch in der Entwicklung des Baugewerbes wider, dessen Bruttowertschöpfung von 2002 bis 2009 um 30,6 % gestiegen ist (vgl. Bayerisches Landesamt für Statistik und Datenverarbeitung 2011/2012). Der hohe Bedarf an Wohnraum hat dazu geführt, dass der Landkreis München im Jahr 2011 – jeweils nach der Stadt München – die meisten Neuerrichtungen (714) sowie die meisten neuen Wohnungen (1.809) in Bayern vorweisen konnte (vgl. Bayerisches Landesamt für Statistik und Daten-verarbeitung 2012).

Die sektorale Gliederung des Landkreises im Jahr 2012 stellte sich wie folgt dar: primärer Sektor 0,2 %, sekundärer Sektor 22,1 % und tertiärer Sektor 77,7 % (vgl. Bayerisches Landesamt für Statistik und Datenverarbeitung 2013). Diese Werte sind mit denjenigen des Kreises Freising vergleichbar. Auch hier dominiert eindeutig der tertiäre Sektor, allerdings hatten hier vor allem die unternehmensbezogenen Dienstleistungen mit einem Lokalisationsquotienten von 1,7 im Jahr 2011 im Vergleich zu Gesamtbayern einen sehr gewichtigen Anteil. Auch die Beschäftigten im Handel waren mit einem LQ von 1,1 etwas stärker vertreten als im übrigen Freistaat.

Diese herausragende Bedeutung der unternehmensbezogenen Dienstleistungen unter-streicht, wie wichtig die verschiedenen Unternehmen im Landkreis München für die Wirtschaftsstruktur sind. Sie bilden den Motor der ökonomischen und demographischen Entwicklung der Region.

Allerdings kann das positive Wirtschaftswachstum im Landkreis München auch zu Problemen führen. Da mit dem Wachstum auch die Lebenshaltungskosten ansteigen, kann es im Landkreis zu Verdrängungsprozessen innerhalb der Bevölkerung kommen. So drohen u.a. steigende Mieten, die Attraktivität für Menschen, welche in die Region ziehen wollen, langfristig zu verringern.

Um dieser Gefahr entgegenzuwirken, ist es notwendig, alle beteiligten Akteure bei der Zukunftsplanung mit einzubeziehen. Durch eine Zusammenarbeit aller Kommunen im Landkreis können mögliche Probleme unter Berücksichtigung der Entwicklung der gesamten Region ermittelt und so in Angriff genommen werden. Da die Unternehmen im Landkreis nicht zuletzt von einem Nachschub an qualifizierten Arbeitskräften abhängig sind, müssen die Ausbildungsmöglichkeiten für junge Menschen gefördert, sowie Kooperationen zwischen Bildungseinrichtungen und Unternehmen eingerichtet werden. Auf diese Weise kann der Landkreis München für die Zukunft aufgestellt werden.

5. Zusammenfassende Bewertung

Die vorliegenden Analysen zur Typisierung und Charakterisierung der bayerischen Landkreise hatten zum Ziel, die wesentlichen Handlungsfelder für die nahe Zukunft zu ermitteln. Über eine Clusteranalyse auf der Grundlage verschiedener sozio-ökonomischer Variablen konnte eine Neu-Einteilung Bayerns auf Landkreisebene erreicht werden, die zu sechs unterschiedlichen Raumkategorien geführt hat. Die Tatsache, dass die Flächenlandkreise Bayerns dabei nur in drei verschiedene Klassen eingeteilt wurden, spricht für eine relativ homogene Raumstruktur im Freistaat, welche auch das Resultat der bisherigen Landesplanung und -entwicklung Bayerns darstellt. Dennoch konnten nach wie vor strukturelle Unterschiede zwischen einzelnen Kreisen festgestellt werden. Wie die Beispiele für Kreistyp 3 und 4 gezeigt haben, sind es vor allem der demographische Wandel und die damit verbundenen Veränderungen, welche die größten Herausforderungen für die Wirtschafts- und Strukturpolitik der kommenden Jahre bilden werden. Dabei verlaufen die Entwicklungen in den meisten Teilräumen Bayerns vergleichbar ab. Vor allem in den Landkreisen des Typs 4 muss jedoch mit einer Verschärfung der Situation gerechnet werden, sodass die beschriebenen Handlungsempfehlungen dringend über konkrete Maßnahmen und Projekte umgesetzt werden müssen. Auf Gemeindeebene kann eine gezielte Förderung hilfreich sein; aber es ist darauf zu achten, dass diese Förderung der Entwicklung des gesamten Landkreises zugutekommt. Das Zusammenwirken aller Akteure bei der Planung ist eine wichtige Voraussetzung für das Gelingen von Entwicklungskonzepten. Aus diesem Grund muss die Planung sowohl innerhalb der Kommunen, als auch zwischen ihnen optimiert werden.

Ein weiteres wichtiges Handlungsfeld besteht in der Stärkung der bayerischen Wirtschaft gegenüber negativen Einflüssen von außen. Besonders der in einigen Teilräumen noch stark vertretene sekundäre Sektor hat sich in der Vergangenheit bisweilen als krisenanfällig erwiesen. Um ihn für die Zukunft gut aufstellen zu können, sollte er besonders auf innovative Ideen und Vertriebskonzepte setzen. Dazu kann die Raumplanung durch die Bereitstellung der notwendigen Infrastruktur, z.B. in Form des Breitbandausbaus auch in ländlichen Gebieten Bayerns, wichtige Impulse liefern.

Gerade in peripheren Regionen kann der Tourismus, welcher sich seit einigen Jahren schon im Aufschwung befindet, strukturelle Probleme ausgleichen und einen neuen Wirtschaftszweig etablieren. Die Voraussetzungen hierfür liegen in den meisten Fällen bereits vor.

Die Raumstruktur in Bayern kann insgesamt positiv bewertet werden. Damit dies auch in Zukunft so bleibt, müssen allerdings bereits jetzt die nötigen Weichen gestellt werden. Diese Voranalyse sollte in diesem Zusammenhang als eine erste Einschätzung dienen. Solange sich die Raumplanung in Bayern auf genaue Untersuchungsergebnisse stützt, wird sie auch künftig einen Beitrag zur Lebensqualität im Freistaat leisten können.

Literatur und Datenquellen

BAHRENBERG, G., GIESE, E., MEVENKAMP, N., NIPPER, J. (2008): Statistische Methoden in der Geographie. Band 2: Multivariate Statistik. Berlin, Stuttgart.

Bayerisches Staatsministerium für Wirtschaft und Medien, Energie und Technologie (StmWi) (2014): „Landesentwicklungsprogramm". URL: http://www.stmwi. bayern.de/landesentwicklung/instrumente/landesentwicklungsprogramm/ (Abrufdatum: 1. Juli 2014)

Bayerisches Landesamt für Statistik und Datenverarbeitung (2011): Arbeitskreis Volkswirtschaftl. Gesamtrechnungen der Länder. Volkswirtschaftliche Gesamtrechnungen: Kreise, Bruttowertschöpfung, ausgewählte Wirtschaftszeige, Jahr.

Bayerisches Landesamt für Statistik und Datenverarbeitung (2012): Arbeitskreis Volkswirtschaftl. Gesamtrechnungen der Länder Volkswirtschaftliche Gesamtrechnungen: Kreise, Bruttowertschöpfung, ausgewählte Wirtschaftszeige, Jahr.

Bayerisches Landesamt für Statistik und Datenverarbeitung (2012): Gemeindedaten 2012.

Bayerisches Landesamt für Statistik und Datenverarbeitung (2013): Beschäftigungsentwicklung in Bayern nach Sektoren auf Landkreis- und Gemeindeebene.

Nationalparkverwaltung Bayerischer Wald (NPV BW) (2013): Auswahl touristischer Daten für die bayerischen Landkreise und Gemeinden.